AF326150

RED. :

19

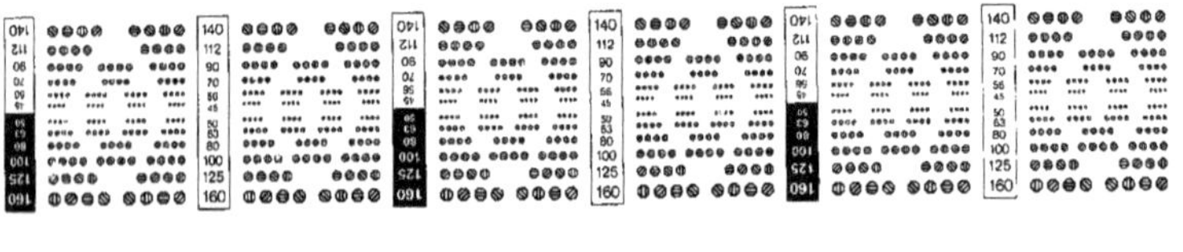

MIRE ISO N° 1
NF Z 43-007
AFNOR
Cedex 7 - 92080 PARIS-LA-DÉFENSE

ESSAI

D'UN

CATALOGUE MÉTHODIQUE ET SYNONYMIQUE

DES PRINCIPALES VARIÉTÉS

DE

POMMES DE TERRE

PARIS — IMPRIMERIE ÉMILE MARTINET, RUE MIGNON, 2.

ESSAI

D'UN

CATALOGUE MÉTHODIQUE ET SYNONYMIQUE

DES PRINCIPALES VARIÉTÉS

DE

POMMES DE TERRE

PAR

HENRY VILMORIN

PARIS

CHEZ VILMORIN-ANDRIEUX ET Cⁱᵉ

MARCHANDS-GRAINIERS

4, Quai de la Mégisserie (ancien n° 30)

1881

INTRODUCTION

Le projet de classement des diverses variétés de pommes de
terre que je me hasarde à publier aujourd'hui n'est ni parfait
ni complet ; c'est seulement ce que j'ai pu faire de moins
mauvais après une dizaine d'années d'études suivies et conscien-
cieuses.

Vouloir dresser une liste complète de toutes les variétés de
pommes de terre qui ont paru, ce serait une entreprise formidable,
lors même qu'on se bornerait à une simple énumération, mais si
l'on cherche à en composer un tableau raisonné et synonymique,
la chose devient tout bonnement impossible, car des centaines de
variétés ont actuellement disparu, après une existence plus ou
moins prolongée, sans qu'il en reste de description complète pou-
vant suppléer à l'impossibilité où l'on se trouve de les comparer
avec les races nouvelles. Or, sans une comparaison attentive et
prolongée, on ne peut faire de classement sérieux.

L'idée de ce travail m'a été donnée par la culture de la collection de pommes de terre réunie par la Société centrale d'agriculture et confiée par elle à mon grand-père, puis à mon père.

Si l'on en excepte la seule année 1818 (1), cette collection.

(1) En 1818, elle a été cultivée dans le parc de Vitry, appartenant à M. le comte
Du Bois.

formée en 1814 et 1815, n'a cessé d'être cultivée dans notre propriété de Verrières depuis 1815 jusqu'à présent. Tous les ans, elle s'augmente des variétés nouvelles qui peuvent être réunies, de toute provenance, et la culture de chaque variété n'est abandonnée que si cette variété est reconnue identique à une autre, ou si elle vient à disparaître par accident. Chaque année voit ainsi des introductions nouvelles et voit aussi des éliminations plus ou moins nombreuses.

Le classement de cette collection a toujours été fait, jusqu'en 1873, d'après la couleur et la forme des tubercules, sans qu'il fût tenu compte des caractères de végétation. On répartissait alors toutes les variétés en onze divisions ou sections, dont quelques-unes renfermaient jusqu'à cent vingt ou cent trente variétés, plus ou moins différentes entre elles.

Comme, vers la même époque, la collection s'augmentait tous les ans de vingt, trente et quelquefois cinquante variétés nouvelles, par suite de la mise au commerce d'un grand nombre de gains obtenus par les semeurs anglais et américains, j'ai été frappé de la difficulté que ce mode de classement opposait à la comparaison rapide et sûre des différentes variétés, tant anciennes que nouvelles. Si, en effet, on doit comparer attentivement une centaine d'individus donnés, pour prononcer sur leur identité ou leur diversité, en apprécier les différences ou les ressemblances, on ne peut le faire utilement qu'après les avoir répartis en groupes beaucoup moins nombreux, dont l'esprit et même le regard puissent embrasser tout l'ensemble à la fois. Voulant alors former dans le sein des anciennes divisions des groupes secondaires renfermant seulement un petit nombre de variétés bien voisines les unes des autres, j'ai dû chercher des caractères autres que ceux des tubercules, qui fussent communs à un certain nombre de variétés tout en n'appartenant pas aux autres variétés de la même division. Ces caractères devaient en même temps être constants et ne pas dépendre des saisons plus ou moins favorables ou des conditions variables de la culture. Je n'en ai pas trouvé qui m'aient paru présenter autant de fixité que ceux qui se tirent des germes développés dans l'obscurité. Que les tubercules aient pris tout leur

accroissement ou , au contraire, qu'ils soient restés petits et
chétifs à l'excès, qu'ils aient ou non atteint leur complète matu-
rité, qu'ils soient même sains ou malades, pourvu qu'il leur reste
assez de vie pour commencer à végéter, les germes se développent
toujours semblables à eux-mêmes, avec la même apparence et la
même couleur dans une même variété (1), et cette apparence est
souvent assez caractéristique pour permettre de déterminer sûrement une pomme de terre par la simple inspection du tubercule
pourvu de son germe.

Après la couleur des germes, celle des fleurs m'a fourni un bon
caractère secondaire de classement : je dis secondaire, parce que
la floraison ne peut pas toujours être observée : une année défa-
vorable, l'invasion précoce de la maladie, une température trop
brûlante ou trop fraîche peuvent empêcher une pomme de terre
de fleurir, tandis que le germe peut toujours être observé. En
outre, le caractère tiré du germe permet presque toujours de
mettre dès le moment de la plantation une pomme de terre à peu
près à la place qui lui convient dans la collection, quitte à rectifier
un peu plus tard ce classement d'après les caractères tirés de la
fleur ; cela fait souvent gagner un an pour la détermination exacte
de la place qu'une variété nouvelle devra occuper.

Conservant donc, comme point de départ, les anciennes divisions fondées sur la couleur et la forme des tubercules (et dans
une plante dont la partie utile est le tubercule, je n'en pouvais
désirer de meilleures), je les ai partagées en sous-divisions ou
sections, d'après les caractères fournis d'abord par les germes,
ensuite par les fleurs. C'est ainsi que, de l'ancienne division des
pommes de terre *jaunes rondes*, j'ai fait mes six premières sections, toutes passablement nombreuses.

Comme il est inutile de multiplier les sections outre mesure,
je n'ai subdivisé les anciens groupes que là où ils renfermaient

(1) Ceci n'est complètement exact que des germes produits par des tubercules qui
n'ont pas subi longuement l'influence de la lumière ; dans le cas contraire, et quand
le tubercule a verdi ou s'est bronzé par l'action des rayons lumineux, il s'y accumule
une quantité de matière colorante qui passe en partie dans les germes et leur donne
une teinte beaucoup plus foncée qu'à l'ordinaire.

trop de variétés pour qu'il fût facile de les comparer toutes entre elles. L'ancienne division des pommes de terre *blanches longues entaillées*, par exemple, a été conservée intacte, bien qu'elle renferme des variétés qui fleurissent et d'autres dont les boutons tombent régulièrement, parce qu'elle n'était pas assez nombreuse dans l'origine et qu'elle n'a pas été suffisamment grossie par les additions récentes pour ne pouvoir être aisément embrassée d'un coup d'œil. J'ai dû faire une division nouvelle, celle des *rouges aplaties*, pour y placer de nombreuses variétés, principalement des américaines, qui ne rentraient pas bien dans les anciennes divisions.

J'espère donc, tout en ne publiant aujourd'hui qu'un travail incomplet, fournir un cadre qui pourra servir un jour à une classification plus nombreuse : les divisions en sont fondées sur des caractères précis que tout observateur est en état de distinguer sûrement, de manière à placer, sans erreur possible, dans le groupe auquel elle appartient, toute pomme de terre dont il connaît le tubercule, le germe et le mode de floraison.

Pour rendre plus facile encore la comparaison des diverses variétés entre elles, je me suis attaché à grouper ensemble, dans l'intérieur de chaque section, toutes les variétés qui me paraissent présenter le plus d'analogie les unes avec les autres. Les caractères différentiels de ces petits groupes m'ont été fournis soit par les fleurs, là où il n'en était pas tenu compte pour l'établissement de la section elle-même, soit, dans le cas contraire, par le feuillage, les tiges, la présence ou l'absence des graines ; enfin, par la précocité ou les dimensions mêmes de la plante, caractères qui prennent, quand ils sont constants, assez de valeur pour permettre d'apprécier de petites différences entre variétés dont les caractères plus importants sont reconnus identiques.

Le tableau publié ci-après comprend tout ce qui restait en 1872 de l'ancienne *École* de la Société centrale d'agriculture et des additions qui y avaient été faites jusque-là : en tout, environ deux cent dix variétés. Le nombre aurait dû en être beaucoup plus grand si les ravages de la maladie n'avaient fait disparaître, depuis 1845 jusqu'en 1872, les deux tiers au moins des variétés qui composaient anciennement la collection; les quatre cent quatorze autres variétés ont été introduites dans l'*École* depuis 1872. Grâce au système de classement dont je viens d'expliquer le mécanisme, elles ont été rapidement mises chacune à la place qui lui convenait et l'identité d'un très grand nombre de ces nouveautés, soit entre elles, soit avec des variétés anciennes, a pu être reconnue souvent dès la première année.

J'ai essayé de donner à la liste des variétés qui composent une même section une disposition typographique permettant de juger au premier coup d'œil de l'importance pratique des différentes variétés, et en même temps de reconnaître quelles sont celles qui sont identiques entre elles et celles qui paraissent n'être que des modifications ou variations d'autres plantes plus anciennes ou mieux connues, ou plus fortement caractérisées. Une accolade réunit les noms que je considère comme étant certainement synonymes : le nom qui est placé en tête est celui de la variété que je continue à cultiver dans la collection ; c'est en général le nom sous lequel la variété a été reçue le plus anciennement ; quelquefois, c'est le nom le plus anciennement donné, lors même qu'il n'aurait été introduit que tardivement dans la collection ; quelquefois encore, c'est le nom le plus connu qui a été conservé. alors même qu'il y en a eu de plus anciens, s'ils sont tombés en désuétude ou si leur application présente la moindre incertitude.

Toutes les variétés dont les noms sont placés en tête de ligne sont celles que je considère comme distinctes, qu'elles soient ou non accompagnées de synonymes ; ces variétés sont, autant que possible, rapprochées les unes des autres et groupées suivant leur affinité naturelle. Les noms des formes qui me semblent se relier étroitement à d'autres variétés, sans leur être cependant reconnues identiques, au moins quant à présent, sont imprimés en lignes rentrées, à la suite du nom de la variété distincte à laquelle il convient de les rapporter. Enfin, j'ai voulu distinguer des autres, en les faisant imprimer en PETITES CAPITALES, le nom des variétés les plus intéressantes par l'ensemble de leurs qualités, ou les plus généralement répandues dans la culture. Dans la 6ᵉ section, par exemple, on trouve au premier rang la pomme de terre JEANCÉ ou Vosgienne, qui est une des plus répandues dans la grande culture d'une bonne partie de la France; à son nom sont réunis par une accolade dix autres noms qui représentent des synonymes bien constatés ; ensuite, viennent en lignes rentrées trois noms appartenant à des variétés que je crois extrêmement voisines de la JEANCÉ, sans pouvoir cependant affirmer qu'elles lui sont identiques. On trouve ensuite les deux pommes de terre CHAMPION et Chamois, qui sont distinctes, mais à la seconde desquelles on peut rapporter, comme en étant extrêmement voisine, la variété Bedfond prolific. Après deux autres variétés distinctes, on trouve la pomme de terre CHARDON, la plus répandue des variétés de grande culture avec douze synonymes et un quasi-synonyme en ligne rentrée; enfin, terminant la section, la pomme de terre Canadienne, franchement distincte des autres, quoique rentrant bien dans le cadre de la section. Cette disposition des noms est exactement celle dont mon père a fait usage dans son *Catalogue synonymique des froments*, publié en 1850; elle a été généralement jugée si satisfaisante pour l'œil et pour l'intelligence que je n'ai cru pouvoir mieux faire que de l'adopter.

On remarquera que chaque nom de variété est accompagné du nom de l'établissement public, de la maison de commerce ou du particulier de qui elle a été reçue, ainsi que de l'indication de l'année où elle est entrée dans la collection. Des choses fort différentes ont quelquefois été reçues sous le même nom ; dans ce cas, chaque forme distincte est rapportée à sa section avec l'indication de sa provenance. Réciproquement, la même variété reçoit souvent différentes dénominations, comme on peut s'en convaincre par les listes parfois fort longues de synonymes qui suivent le nom principal. En général, ce sont les meilleures variétés qui ont le plus de synonymes.

Ce travail aurait certainement pu comprendre un plus grand nombre de variétés si j'avais tardé quelques années de plus à le publier ; mais, d'autre part, les variétés nouvelles paraissent aujourd'hui en si grand nombre, et plusieurs d'entre elles sem-

blent tendre à remplacer si complètement les anciennes qu'il m'a
paru intéressant de faire connaître cet essai de classement avant
qu'un grand nombre de variétés qui ont été longtemps populaires
en France aient complètement disparu des cultures.

HENRY VILMORIN

Verrières, près Paris, 10 décembre 1880.

LISTE MÉTHODIQUE ET SYNONYMIQUE

I. — JAUNES RONDES

SECTION 1

Tubercules jaunes, ronds, petits ou moyens.
Germes violets ou teintés de violet.
Fleurs lilas ou nulles.

BONNE WILHELMINE.	*M. Ordinaire de la Colonge,* 1815.
Tige couchée.	*Douai,* 1815.
De Howorst.	*M. Ackermann,* 1841.
Ronde de Caracas.	*Collection suédoise,* 1867.
Sucrée de Brunswick.	*Id.*
Irish apple.	*Id.*
Ronde d'Alger.	*Id.*
Jaune ronde pour primeur.	*Docteur Turrel,* 1872.
Louis d'or.	*Fr. von Gröling,* 1873.
Flour ball.	*Courtois-Gérard,* 1874.
De neuf semaines	*M. Pariselle,* 1879.
Dalmahoy.	*Ireland and Thomson,* 1878.
Paterson's Albert.	*Collection suédoise,* 1867.
Hétéroclite ronde.	*M. Foucard,* 1833.
Naine hâtive.	*Angleterre,* 1845.

Turner's Union. . . . . *Angleterre, 1873.*

/ Précoce de Harvey. . . . . *Comte de Gourcy, 1842.*
\ Mairtens' early. . . . . *P. Lawson and Son, 1846.*
) Handworth's prolific. . . . . *Angleterre, 1857.*
/ Early sovereign. . . . . *Thorburn and C⁰, 1870.*
\ De Champagne jaune. . . . . *M. Théveny, 1874.*

White Emperor. . . . . *Angleterre, 1879.*

Model. . . . . *R. Dean, 1876.*

Fenn's onwards. . . . . *W. Gloede, 1873.*

Early perfection. . . , ... *R. Dean, 1875.*

Early cottage. . . . . *Thorburn and C⁰, 1871.*

/ Prolifique hâtive. . . . . *P. Lawson and Son, 1834.*
\ Peruvian. . . . . *P. Lawson and Son, 1841.*
) Oxford. . . . . *Noble and Cooper, 1862.*
\ Anglaise à forcer. . . . . *Collection suédoise, 1867.*
/ Ross's early . . . . *W. Gloede, 1873.*
\ Lubbenauer. . . . . *Fr. von Gröling, 1873.*

Frui à pain (Bread fruit). . . . . *P. Lawson and Son, 1841.*
  Quebec's profit. . . . . *P. Lawson and Son, 1846.*

Smith's curly. . . . . *W. Porter, 1878.*

/ Fine peau. . . . . *Départ. des Ardennes, 1815.*
\ Philadelphie *ou* Limal. . . . . . *M. Deroy, 1817.*
) Américaine hâtive élevée. . . . . *P. Lawson and Son,1834.*
\ Prince de Galles. . . . . *Id.*
/ Grise arrondie. . . . . *M. Verlot, 1874.*
\ Madame Périer. . . . . *M. Théveny, 1874.*

Fine hâtive. . . . . *P. Lawson and Son, 1834.*

Glenbervie. . . . . *W. Porter, 1879.*

SECTION 2

Tubercules jaunes, ronds, moyens ou gros, yeux enfoncés.
Germes forts, jaune de cire, à pointe et base violettes.
Fleurs gris de lin, avortant presque toujours.

Shaw (Chave).	*Angleterre*, 1815.
Guyraudienne.	*M. Ramey*, 1855.
De neuf semaines.	*M. Posth*, 1856.
Sancerre.	*Société d'agriculture*, 1850.
De Varces.	*M. Coche*, 1869.
Anglaise Erin's Queen.	*Thierry-Colson*, 1869.
Patraque jaune.	*M. Goussard de Mayolle*, 1874.
Châtillonnaise.	*M. Théveny*, 1874.
Hâtive de Langres.	*Id.*
Chanoy.	*Id.*
Montagnarde.	*Id.*
Royal George.	*Thierry-Colson*, 1874.
Printanière de Beaune.	*M. Théveny*, 1875.
Jaune de Chauvigny.	*Id.*
De Valsère.	*Id.*
Circassienne.	*Id.*
Bourguignonne hâtive.	*Id.*
Gaillefontaine.	*Id.*
Hongroise.	*Id.*
Patraque blanche.	*Id.*
Ronde hâtive.	*M. Mayeux*, 1877.
Cerdagne ronde.	*M. Thévenot*, 1878.
Dalmahoy.	*R. Dean*, 1874.
Grosse jaune deuxième hâtive.	*G. Darras*, 1851.
Docteur Bretonneau.	*Docteur Bretonneau*, 1853.
La généreuse.	*Dumont-Carment*, 1858.
JAUNE RONDE HATIVE.	*Chevreuse*, 1851.
De trois mois.	*Société d'acclimatation*, 1866.
Ronde de trois mois.	*M. Rémy*, 1874.
D'août.	*Compiègne*, 1874.
Jaune ronde demi-hâtive.	*M. Mayeux*, 1877.
Riz de M. Colas.	*Docteur Cénas*, 1876.

Segonzac.	*M. Morel de Vindé*, 1839.
Richard.	*M. Gombart*, 1857.
Farineuse de Chartres.	*Id.*
Jaune ronde.	*M. Roussel*, 1864.

Saint-Jean.	*Marquis de Fayolle*, 1841.
Sydowsauer.	*Fr. von Gröling*, 1875.
Dunbar regent.	*R. Dean*, 1877.
Gryffe castle seedling.	*Rev. W. F. Radclyffe*, 1870.
Tarbesienne.	*Docteur Cénas*, 1876.
Des Pyrénées.	*Id.*
Regent.	*Angleterre*, 1868.
Mousson blanche.	*M. Guesnet*, 1837.
Yorkshire regent.	*Angleterre*, 1871.

Tanguy.	*J. L. Soubigou*, 1862.
The Queen potato.	*W. Gloede*, 1873.
Cockney.	*Collection suédoise*, 1867.
British Queen.	*W. Gloede*, 1873.
Arrondie de Beaune.	*M. Théveny*, 1875.
Freebearer.	*R. Dean*, 1874.
Grosse de Voiron.	*M. Théveny*, 1874.
Fermière picarde.	*Dumont-Carment*, 1858.

Morville.	*Baron d'Avène*, 1875.

SECTION 3

Tubercules jaunes ou un peu saumonés, souvent méplats.
Germes violets.
Fleurs lilas ou violettes, presque toujours abondantes.

Seguin.	*M. Longavesne*, 1874.
Dévorante.	*M. Théveny*, 1875.
Sainte-Hélène tardive.	*M. Vavin*, 1876.

Des Cordillières.	*Vandendriesse et Panis*, 1841.
Semis des Cordillières.	*Potager de Versailles*, 1874.

Hogg's Coldstream.	*Angleterre*, 1868.

Rector of Woodstock. . . . .   *R. Dean, 1874.*

{ PATERSON's VICTORIA. . . . .   *Angleterre, 1868.*
} Mercerès d'Amérique. . . . .   *Collection suédoise, 1867.*
{ Improved Victoria. . . . .   *A. Busch, 1877.*

Richter's Imperator. . . . .   *A. Busch, 1877.*

SECTION 4

Tubercules ronds, jaune pâle.
Germes blancs.
Fleurs nulles ou blanches.

{ Douce blanche. . . . .   *M. Bezançon, 1867.*
} Ledoux. . . . .   *Ledoux-Bonrat, 1869.*
) Belle Marianne. . . . .   *Docteur Génas, 1876.*
  Tarbesienne (germes blancs). . . .   *Id.*

Purlie . . . .   *W. Porter, 1879.*

Early Dimmisk. . . . .   *Soc. d'hort. de Londres, 1877.*

Lerchen-Kartoffel . . . .   *A. Busch, 1877.*

SECTION 5

Tubercules ronds ou légèrement allongés, jaune pâle.
Germes roses.
Fleurs blanches.

Fenn's early market . . . .   *R. Dean, 1875.*

De Dracy-le-Fort. . . . .   *M. Fontaine, 1865.*

Châtillonnaise améliorée. . . . . .   *M. Théveny, 1875.*

Lawson's conqueror . . . .   *Comte de Gourcy, 1852.*

{ Biscuit blanc. . . . .   *Collection suédoise, 1867.*
} Gloire de Baltimore . . . .   *Id.*
{ Bisquit. . . . .   *A. Busch, 1877.*

Caillaud . . . .   *Fontaine et Duflot, 1869.*

Porter's excelsior . . . .   *R. Dean, 1876.*

Schoolmaster. . . . . *Soc. d'hort. de Londres,* 1877.

De Norwège . . . . *M. Rohart,* 1869.

Jaune d'Août. . . . . *Jemmapes,* 1815.
Daubenton . . . . *Semis Sageret,* 1841.
De neuf semaines. . . . . *M. Jullien,* 1841.
Lothe. . . . . *M. Moleux,* 1866.
Hâtive des environs de Bruxelles . . *F. Van Celst,* 1873.

Sancerre . . . . *H. Caron,* 1876.

Intermedio . . . . *Collection suédoise,* 1867.

Seed . . . . *Fr. von Gröling,* 1873.

Tardive de Becker pour bestiaux . . *Collection suédoise,* 1867.

Grande précoce de Montevideo . . . *Id.*

Chardon améliorée . . . . *MM. Peltier frères,* 1879.

Weisser Sieberhäuser. . . . . *Fr. von Gröling,* 1873.

Van der Veer . . . . *Id.*

Jackson's white. . . . . *Bliss and Sons,* 1874.

Rustycoat pink eyed . . . . *Id.*

SECTION 6

Tubercules jaunes, gros, arrondis ou oblongs, plus ou moins entaillés; yeux
profonds.
Germes roses.
Fleurs abondantes, roses ou lilas.

Jeancé (Jeuxy; Juxière; Vosgienne). *M. Parmentier,* 1855.
Blanche à fleur blanche . . . . . . *M. Gérard,* 1838.
Grosse d'Amérique. . . . . *Collection suédoise,* 1867.
Américaine. . . . . *Id.*
Juxière améliorée. . . . . *M. Guénaud,* 1869.
Brise-motte. . . . . *M. Rabœuf,* 1867.
Farinosa . . . . *Collection suédoise,* 1867.
Des Allinges . . . . *M. Théreny,* 1875.
Clairlieu . . . . *Id.*
Des Vosges . . . . *Id.*
La Lorraine. . . . . *M. Mayeux,* 1877.

Des Ardennes. . . . .   *M. Théveny*, 1875.

Erste von Nassengrund . . . . .   *Fr. von Gröling*, 1873.

De Malte. . . . .   *H. Rigault*, 1878.

CHAMPION. . . . .   *M. de la Tréhonnais*, 1879.

Chamois . . . .   *Collection suédoise*, 1867.

   Bedfond prolific. . . . .   *R. Dean*, 1879.

Späte Dauer. . . . .   *F. C. Heinemann*, 1880.

Harrison's n° II. . . . .   *Bliss and Sons*, 1874.

CHARDON (de Saxe, graine de Saxe).   *M. Dugrip*, 1855.
De Comice. . . . .   *Bretagne*, 1874.
Montenaille tardivissime. . . . . .   *M. Théveny*, 1874.
Epinard. . . . .   *M. Boursier*, 1872.
Riesen Marmont . . . .   *A. Busch*, 1877.
Fosseuse . . . .   *Valognes*, 1876.
Infernale. . . . . . · . . . . . .   *Id.*
Chardonne . . . .   *Id.*
Américaine blanche . . . .   *Baron de Beurnonville*, 1874.
D'Argentan. . . . .   *M. Théveny*, 1875.
De Malesherbes. . . . .   *Id.*
Màconnaise . . . .   *Id.*
Des Pyrénées (germes roses) . . . .   *Docteur Cénas*, 1876.

   Cerdagne jaune . . . .   *M. Thérenot*, 1877.

Canadienne. . . . .   *M. Thiberville*, 1878.

SECTION 7

Tubercules oblongs, aplatis, lisses.
Germes blancs ou légèrement rosés.
Fleurs blanches.

FLOCON DE NEIGE (Snowflake). . . .   *Bliss and Sons*, 1874.

Lerchen-Rose. . . . .   *Fr. von Gröling*, 1879.

Richter's Edelstein . . . .   *F. C. Heinemann*, 1880.

{ BRESEE'S PROLIFIC	*Thorburn and C°*, 1872
} Peeters.	*M. Vincent*, 1880.
Kopsel's frühe weisse Rosen-Kartoffel	*Dippe frères*, 1874.
Kaiser-Kartoffel.	*Fr. von Gröling*, 1877.
Bresee's peerless.	*Thorburn and C°*, 1872.
Thorburn's Paragon.	*R. Dean*, 1876.
Eureka.	*Bliss and Sons*, 1874.
Brownell's multiplier.	*A. Busch*, 1877.
{ Myatt's coquette	*M. Verlot*, 1874.
} Renneville	*M. Théveny*, 1874.
(Saucisse blanche	*Baron d'Avène*, 1875.
England's pride.	*M. Théveny*, 1876.
Milky white.	*W. Gloede*, 1874.
Early Gooderich	*Thorburn and C°*, 1871.
Precious seedling.	*Dantzer*, 1879.
Président.	*R. Dean*, 1873.
Alpha.	*Bliss and Sons*, 1874.
Covent Garden perfection.	*R. Dean*, 1879.
Idaho.	*J. Wrench and Sons*, 1875.

Nota. — Cette section est en grande partie composée de variétés américaines, dont plusieurs ont les tubercules légèrement rosés et se rapprochent des variétés les plus pâles de la 23ᵉ section.

SECTION 8

Tubercules jaunes ou saumonés, aplatis, lisses, ronds ou oblongs.
Germes roses.
Fleurs lilas.

Non such.	*Bliss and Sons*, 1874.
Early climax	*Thorburn and C°*, 1872.

King of the West . . . .   *M. Théveny, 1876.*

Richter's Schneerose . . . .   *A. Busch, 1877.*

Nota. — Cette section se relie par une gradation presque insensible à la 24e section, composée principalement comme elle de variétés américaines.

II — JAUNES LONGUES ENTAILLÉES

SECTION 9

Tubercules jaunes, allongés, entaillés.
Germes roses.
Fleurs nulles ou blanches.

Imbriquée. . . . .   *Départ. des Ardennes, 1815.*
Cantaloup pintans . . . .   *Soc. hortic. de Bruxelles, 1856.*

Ananas longue. . . . .   *P. Lawson and Son 1834.*
Ananas . . . .   *M. Théveny, 1875.*
De Bristol. . . . .   *Simon-Louis frères, 1848.*

Vitelotte jaune. . . . .   *M. Bisson, 1873.*
Vitelotte blanche. . . . .   *M. Verlot, 1874.*
Luxembourgeoise . . . .   *M. Théveny, 1875.*

Asperge. . . . .   *Allemagne, 1872.*

III — JAUNES LONGUES LISSES

SECTION 10

Tubercules jaunes, lisses, en forme de rognon ou d'amande, ou bien simplement
aplatis et oblongs.
Germes roses ou blancs.
Fleurs blanches ou nulles.

KIDNEY *ou* MARJOLIN	*Angleterre,* 1815.
Deux fois l'an	*V° Thuau,* 1864.
Sandringham early kidney	*R. Dean,* 1872.
Sechswochen Kartoffel	*Fr. von Gröling,* 1873.
Early walnut-leaved kidney	*R. Dean,* 1873.
De Combes	*M. Théreny,* 1874.
Quarantaine	*Halle de Paris,* 1875.

Mona's pride	*W. Gloede,* 1873.
The shiner	*R. Dean,* 1878.

MARJOLIN TÉTARD	*H. Rigault,* 1870.

FEUILLE D'ORTIE	*M. Rémy,* 1872.
Sutton's early race horse	*Sutton and Sons,* 1872.
Early Bedfond kidney	*R. Dean,* 1873.
Fouilleuse	*E. Forgeot,* 1876.
La généreuse	*A. Morlot,* 1876.

Reine de mai	*Courtois-Gérard,* 1872.

SECTION 11

Tubercules jaunes longs, lisses, en rognon ou simplement aplatis.
Germes roses.
Fleurs roses ou lilas.

Parmentière *ou* Jaune longue de Hollande	*Halle de Paris,* 1815.
Vilmorin	*M. Soulbieu,* 1855.
Cornichon tardif	*M. Théreny,* 1874.

MARJOLIN TARDIVE. . . . .   *M. Bazin*, 1853.
Quarantaine de Noisy. . . . .   *Halle de Paris*, 1859.
Richesse . . . .   *Collection suédoise*, 1867.
Taylor's Yorkshire hybrid. . . . . .   *Rev. W. F. Radclyffe*, 1870.
Jaune longue de Brie. . . . .   *Halle de Paris*, 1873.
Cornichon Langrois. . . . .   *M. Théveny*, 1874.
Belle de Vincennes. . . . .   *M. Payot*, 1874.
Suzel. . . . .   *M. Théveny*, 1875.
Hollandaise, quarantaine de Perthuis. *Vaucluse*, 1876.
Jaune longue d'Auvergne. . . . . . .   *Halle de Paris*, 1879.

Bonnemain . . . .   *Loïse-Chauvière*, 1875.

Thurston's conqueror . . . . . .   *Collection suédoise*, 1867.

Pioneer. . . . .   *R. Dean*, 1877.

Premier. . . . .   *W. Gloede*, 1873.

Princesse. . . . .   *Allemagne*, 1872.

Waterloo kidney . . . .   *R. Dean*, 1873.

Sutton's magnum bonum . . . . .   *R. Dean*, 1876.

SECTION 12

Tubercules blancs ou jaune pâle, aplatis, allongés, presque toujours en amande
   ou en rognon.
Germes violets ou teintés de violet.
Fleurs blanches.

LAPSTONE. . . . .   *Angleterre*, 1868.
Rognon naine à forcer . . . .   *Collection suédoise*, 1867.
Cobbler's lapstone true . . . . . .   *Rev. W. F. Radclyffe*, 1870.
Pebble white . . . .   *Id.*
Woppet's seedling. . . . .   *Id.*
Yorkshire hero . . . .   *Id.*
Ash top fluke. . . . .   *W. Gloede*, 1873.
Marjolin Faure . . . .   *M. Théveny*, 1874.
Rixton's pippin. . . . .   *R. Dean*, 1875.
Perfection kidney. . . . .   *Id.*
Hollandaise hâtive à œil bleu. . . .   *M. Pichot*, 1876.
Anglaise . . . .   *M. J. Mayeux*, 1877.
Improved ash top fluke. . . . . . .   *W. Porter*, 1879.

International kidney. . . . .   *Nutting and Sons*, 1878.

Avalanche . . . .   *R. Dean, 1879.*

New Cambridge kidney. . . . . . .   *R. Dean, 1875.*

Feinste kleine weisse Mandel. . . .   *A. Busch, 1877.*

Noisette Sainville. . . . .   *M. de Sainville, 1829.*
Unwin's kidney. . . . .   *Warner, 1845.*

Sutton's Berkshire kidney. . . . . .   *Sutton and Sons, 1872.*

Flukes . . . .   *Angleterre, 1868.*
Plate d'Amérique. . . . .   *M. Verlot, 1874.*
Plate de Saout . . . .   *Bretagne, 1874.*
Plate. . . . .   *Brest, 1875.*

DAWES MATCHLESS . . . .   *R. Dean, 1873.*
Excelsior kidney . . . .   *Id.*
Webb's imperial . . . .   *Angleterre, 1868.*
Bryanstone kidney early . . . . . .   *Rev. W. F. Radclyffe, 1870.*
Manning's kidney. . . . .   *Sutton and Sons, 1872.*
England's fair beauty. . . . .   *W. Gloede, 1873.*
Chagford kidney . . . .   *R. Dean, 1873.*
Wormley kidney . . . .   *Id.*
The shiner . . . .   *R. Dean, 1874.*
Champion kidney. . . . .   *W. Porter, 1879.*

Hornycroft's seedling var. fol. . . .   *Rev. W. F. Radclyffe, 1870.*

SECTION 13

Tubercules jaunes, longs, aplatis, oblongs ou en forme de rognon.
Germes violets.
Fleurs lilas ou violettes.

ROYAL ASH-LEAVED KIDNEY. . . . .   *Thomas Rivers, 1864.*
Early Alma kidney . . . .   *Cooper and Bolton, 1864.*
Carter's early race horse . . . . . .   *J. Carter and C°, 1865.*
Early reliance. . . . .   *Angleterre, 1868.*
Rivers' royal ash-leaved kidney . . .   *Angleterre, 1870.*
Veitch's improved early ash-leaved
  kidney. . . . .   *J. Veitch and Sons, 1872.*
Harry kidney. . . . .   *R. Dean, 1873.*
Myatt's ash-leaved kidney. . . . . .   *Id.*
Royal ash top. . . . .   *Id.*

Prince of Wales . . . .   *W. Gloede, 1873.*

Albion ash-leaved. . . . .   *W. Porter*, 1879.

The shiner . . . .   *Soc. d'hort. de Londres*, 1877.

    Six semaines, n° 1. . . . .   *M. de Jonghe*, 1849.

Alice Fenn. . . . .   *Soc. d'hort. de Londres*, 1877.

Pygmée de Ross. . . . .   *P. Lawson and Son*, 1834.

Early white kidney . . . .   *R. Dean*, 1875.

Oxfordshire kidney. . . . .   *Soc. d'hort. de Londres*, 1877.

Sainte-Hélène . . . .   *L. Paillet*, 1872.

Belle Augustine. . . . .   *Hézard*, 1853.
L'Augustine d'Étampes. . . . . . .   *A. Bonnemain*, 1853.
Saucisse de Villaine. . . . .   *Villaine*, 1869.

Cattell's eclips kidney. . . . .   *Hurst and Son*, 1875.

Cattell's reliance kidney. . . . . . .   *Id.*

KING OF FLUKES . . . .   *Cooper and Bolton*, 1864.
King of the potatoes. . . . .   *Sutton and Sons*, 1873.
King . . . .   *W. Gloede*, 1873.

    Meldrum conqueror. . . . . . .   *W. Porter*, 1879.

Confédérée. . . . .   *G. Mulligan*, 1864.
Marceau . . . .   *M. G. Bataille*, 1873.
Islandaise. . . . .   *A. Gontier*, 1876.
Weisse späte Rosen. . . . .   *A. Busch*, 1877.
Genest . . . .   *Genest et Féraud*, 1879.

SECTION 14

Tubercules en rognon ou en amande, jaunes panachés de violet.

Bonaparte. . . . .   *A. Lémon*, 1858.

Achille Lémon. . . . .   *A. Lémon*, 1858.
Corne. . . . .   *Souilliard et Brunelet*, 1872.

Cattell's advancer kidney . . . . . .   *Hurst and Son, 1875.*

\} Violette de Carignan . . . .   *M. Baudelot, 1874.*
/ Rémy . . . .   *Loïse-Chauvière, 1874.*

Acmé . . . .   *Fr. von Gröling, 1875.*

SECTION 15

Tubercules lisses, aplatis, oblongs, rarement en rognon, jaunes panachés de rouge.

Quarantaine à tête rose . . . .   *Souilliard et Brunelet, 1872.*

Lye's favourite . . . .   *Daniels Brothers, 1877.*

Barron's perfection . . . .   *Rev. W. F. Radclyffe, 1870.*

Empress Eugenie . . . .   *W. Gloede, 1872.*

    Princess of Wales . . . .   *R. Dean, 1879.*

/ Calico (Rubannée) . . . .   *Thorburn and Cᵒ, 1870.*
\} Gleason's late . . . .   *R. Dean, 1873.*
\} Ruban rouge . . . .   *M. Vavin, 1873.*
\ New hundred-fold fluke . . . .   *Sutton and Sons, 1873.*

Carpenter . . . .   *W. Porter, 1879.*

Early Oneida . . . .   *J. Wrench and Sons, 1875.*

New red fluke . . . .   *W. Porter, 1879.*

Saucisse blanche . . . .   *M. Perdrigeon, 1879.*

IV — ROSÉES, RONDES ET OBRONDES

SECTION 16

Tubercules rose pâle, entaillés, arrondis ou légèrement allongés.
Germes roses.
Fleurs abondantes roses ou lilas.

Patraque blanche.	*Halle de Paris*, 1815.
Benefits.	*M. Magendie*, 1845.
Rouge pâle soixante pour un	*Collection suédoise*, 1867.
Topinambour	*M. Théveny*, 1874.
Dauphinoise.	*M. Théveny*, 1875.
Américaine	*Senlis*, 1852.
Lesèble	*Courtois-Gérard*, 1874.
Moussot	*Bretagne*, 1874.
Connaught cup	*P. Lawson and Son*, 1834.
Rohan.	*Prince de Rohan*, 1838.
D'Islande	*A. Robert*, 1840.

V — ROUGES RONDES

SECTION 17

Tubercules gris rosé ou rouges, ronds.
Germes roses.
Fleurs ordinairement nulles.

La Virolle.	*Départ. des Ardennes*, 1815.
Rouge d'Espagne	*Picard*, 1820.
Griesenhager	*Fr. von Gröling*, 1877.

Ognon rose demi-hâtive . . . . *Collection suédoise, 1867.*
Sächsiche Zwiebelkartoffel weissflei-
   schige . . . . *A. Busch, 1877.*

Rouge de Bohême . . . . *Pᶜᶜ de Schwartzemberg, 1877.*
Sächsiche Zwiebelkartoffel gelbflei-
   schige . . . . *A. Busch, 1877.*

Aradaras . . . . *Potager de Versailles, 1874.*
Papas de Santiago du Chili . . . . . *Société d'acclimatation, 1860.*
Redder . . . . *Docteur Cénas, 1876.*

SECTION 18

Tubercules rouges, ronds.
Germes rouges.
Fleurs blanches.

Truffe d'Aout . . . . *Halle de Paris, 1845.*
Hâtive de Pontarlier . . . . *M. Piéry, 1837.*
White pink . . . . *M. Magendie, 1845.*
Rouge de Bavière . . . . *M. Rabœuf, 1867.*
Printanière . . . . *M. Verlot, 1874.*

Rouge ronde de Virey . . . . *M. Théveny, 1874.*

Saint-Louis, tardive . . . . *M. Goldenberg, 1848.*
Rosine . . . . *M. Posth, 1856.*

Noirmoutiers . . . . *M. Théveny, 1875.*

Rouge de Paterson . . . . *Collection suédoise, 1867.*

Clairebonne . . . . *Départ. des Ardennes, 1845.*
   Nouvelle des Vosges . . . . . . *M. Parisot, 1837.*
   Rouge pâle hâtive . . . . *P. Lawson and Son, 1834.*

Rouge de La Mure . . . . *M. Prudhomme, 1866.*
   Roville . . . . *M. Théveny, 1875.*
   De Guernesey . . . . *Id.*

Gris Flamand . . . . *M. Ackermann, 1841.*
Printanière de Sarreguemines . . . *M. Royer, 1844.*

(La Bertin. . . . .   *M. Bertin, 1839.*
(Bertin rouge à fleur blanche . . . .   *Société de Saint-Omer, 1856.*

 Toute bonne . . . .   *M. Verlot, 1874.*

 Descroizille . . . .   *M. Sageret, 1815.*

 Quarantaine . . . .   *Halle de Paris, 1815.*

    V⁰ Anty . . . .   *M. Caron, 1876.*

 De Zélande. . . . .   *M. Gielen, 1867.*
 Rouge de Californie. . . . .   *Collection suédoise, 1867.*
 De Hollande . . . .   *Mˡˡᵉˢ Robin, 1869.*
 Tricolore . . . .   *F. Van Celst, 1873.*
 Red regent's . . . .   *W. Porter, 1879.*
    Gosforth seedling . . . .   *Id.*

SECTION 19

Tubercules rouges, ronds.
Germes rouges.
Fleurs violettes ou rougeâtres.

 Early Emperor Napoleon . . . . . .   *Rev. W. F. Radclyffe, 1870.*
 Early red Emperor . . . .   *R. Dean, 1873.*
 De Montreuil . . . .   *Courtois-Gérard, 1874.*

    Grampian . . . .   *Nutting and Sons, 1878.*

 Hâtive de Meudon. . . . .   *Environs de Paris, 1817.*

 Bertin rouge à fleur rouge. . . . . .   *Société de Saint-Omer, 1856.*

 Rouge de Strasbourg. . . . .   *M. Dinner-Royer, 1846.*
 Wery. . . . .   *M. Simonis père, 1847.*

 D'Osterode . . . .   *M. Durilliers, 1840.*

    Rio Frio. . . . .   *Schubart und Hesse, 1855.*

 De Suisse dure farineuse . . . .   *Collection suédoise, 1867.*

Bonne jusqu'en mars . . . .   *Collection suédoise*, 1867.

Renommée . . . .   *Institut agr. de Beauvais,* 1877

(La Bernarde . . . .   *M. Thomas*, 1847.
(Hosen Muller . . . .   *M. Boussingault*, 1848.

(Dabersche . . . .   *Fr. von Gröling*, 1873.
) Frühe rothe märkische . . . . . .   *Id.*
(De Poméranie . . . .   *M. Verlot*, 1874.

Tardive d'Aschersleben . . . . .   *Collection suédoise*, 1867.

Tardive de Pesca . . . .   *Id.*

(De Vevey . . . .   *Ch. Payot*, 1869.
(Grise de Chablais . . . .   *M. Théreny*, 1875.

De Naples . . . .   *Id.*

De Zélande à fleur violette . . . . .   *Id.*

(Sutton's red skinned flour ball (FARI-
(NEUSE ROUGE) . . . .   *Sutton and Sons*, 1872.
) Washington . . . .   *M. Rabœuf*, 1869.
(De l'Amérique . . . .   *M. Hautois*, 1874.
) Boule de farine . . . .   *M. Hautin*, 1875.
(Garnet Chili . . . .   *Fr. von Gröling*, 1875.
(Brinckworth challenger . . . .   *Godefroy Lebœuf*, 1879.

Centennial . . . .   *W. Porter*, 1879.

Wood's scarlet prolific . . . .   *Sutton and Sons*, 1872.

(MERVEILLE D'AMÉRIQUE . . . . .   *A. Goutier*, 1874.
(Rouge d'Amérique . . . .   *M. Tripier-Durieu*, 1879.

VI — ROUGES LONGUES LISSES

SECTION 20

Tubercules rouges, lisses, allongés, en forme de rognon.
Germes très rouges.
Fleurs blanches.

Rouge de Hollande	*Halle de Paris*, 1815.
La Schulammel.	*Départ. de la Sarre*, 1815.
Kidney géante de Robertson.	*P. Lawson and Son*, 1834.
Cornichon rouge	*Société de Saint-Omer*, 1856.
Cornette rose.	*Cherbourg*, 1871.
Wonderful red kidney, (KIDNEY ROUGE HATIVE)	*R. Dean*, 1873.
Red ash leaf.	*R. Dean*, 1875.
Bountiful.	*R. Dean*, 1874.
Garibaldi	*R. Dean*, 1877.
A frire	*M. Théreny*, 1874.

SECTION 21

Tubercules roses, allongés, en forme de rognon ou droits et légèrement entaillés.
Germes roses.
Fleurs blanches.

Knight	*M. Rameau*, 1832.
Hardy.	*H. Caron*, 1876.
Rognon rose (Jaune longue). . . .	*M. Goldenberg*, 1848.
Lord Airve.	*Collection suédoise*, 1867.
Rose de Jersey	*W. Gloede*, 1873.
Cornichon de la Moselle.	*Id.*
Belgian kidney	*R. Dean*, 1873.
Rose allongée.	*M. Théreny*, 1874.
De Vigny.	*Courtois-Gérard*, 1874.
Wolff.	*M. Théreny*, 1875.
Bec de cane.	*Id.*
Napoléon	*W. Porter*, 1879.
Brillaut	*M. Verlot*, 1874.

Xavier. . . . .   *M. Sommelier,* 1849.
Patte blanche. . . . .   *M. Magnery,* 1848.
Longue rosée. . . . .   *M. Bazin,* 1852.

Rosace de Villiers-le-Bel *ou* Rosée
   de Conflans. . . . .   *Halle de Paris,* 1847.
Cueilleuse. . . . .   *M. Bazin,* 1850.
De Hollande (Lotin). . . . .   *Potager de Versailles,* 1874.
Corne de bélier. . . . .   *M. Théveny,* 1875.
Saucisse blonde. . . . .   *Id.*
Madame. . . . .   *Id.*

Fin bec. . . . .   *M. Chenest,* 1873.

Saint-André de Suède *ou* Pousse-de-
   bout . . . .   *Thierry-Tollard,* 1847.

Vitelotte lisse de la Halle. . . . . .   *M. Fournier,* 1870.

VII — ROUGES APLATIES

SECTION 22

Tubercules roses, aplatis, oblongs.
Germes roses.
Fleurs blanches.

EARLY ROSE (ROSE HATIVE). . . . . .   *Thorburn and C°,* 1870.
Américaine. . . . .   *M. Baudelot,* 1874.
Américaine. . . . .   *M. Pierrat,* 1878.
La généreuse. . . . .   *Loïse-Chauvière,* 1876.

Extra early Vermont. . . . .   *Bliss and Sons,* 1874.

Late rose . . . .   *R. Dean,* 1876.

Early gem. . . . .   *Id*

Beauty of Hebron. . . . .   *Thorburn and C", 1880.*

King of the early . . . .   *Thorburn and C°, 1872.*

Early dexter. . . . .   *Bliss and Sons, 1874.*

White blossomed . . . .   *M. Caron, 1876.*

SECTION **23**

Tubercules rouges, aplatis.
Germes roses ou rouges.
Fleurs rouges ou violettes.

SAUCISSE *ou* Généreuse. . . . . . .   *Halle de Paris, 1867.*
Rouge tardive. . . . .   *Gombaut-Villette, 1863.*
Cottager's red. . . . .   *R. Dean, 1873.*
Du Bienfaiteur. . . . .   *M. Belin, 1873.*
Vitelotte belge . . . .   *Valognes, 1876.*
Savonnette . . . .   *Id.*

Kidney rose. . . . .   *M. Verlot, 1874*

Hollandaise rose ancienne . . . . .   *Docteur Cénas, 1876.*

    Gayet . . . .   *M. Théveny, 1874.*

Brownell's *ou* Vermont beauty. . . .   *Bliss and Sons, 1874.*

Keystone . . . .   *W. Porter, 1879.*

Brownell's superior. . . . .   *R. Dean, 1877.*

Ruby. . . . .   *A. Busch, 1877.*

VIII — ROUGES LONGUES ENTAILLÉES

SECTION 24

Tubercules longs, entaillés, rouges ou panachés jaune et rouge.
Germes roses ou rouges.

VITELOTTE à chair blanche	*Halle de Paris*, 1815.
Corne de chèvre.	*Départ. des Ardennes*, 1815.
de St-Jacques (Gacob's grundbirn). .	*Départ. de la Frise*, 1815.
La taupe	*Départ. des Forêts*, 1815.
La souris tardive	*Id.*
Rouge longue nouée	*Société de Saint-Omer*, 1856.
Rouge longue d'Aix-la-Chapelle.	*Collection suédoise*, 1867.
Vitelotte d'Albany.	*H. Rigault*, 1878.
Rouge incomparable.	*Fr. von Gröling*, 1877.
Bleue de Paterson	*Collection suédoise*, 1867.
Pink eyed dairy maid	*P. Lawson and Son*, 1846.
Barré.	*M. Landresse*, 1856.
Schultenmann.	*Société d'agriculture*, 1854.
Valognaise	*Valognes*, 1876.
Crapaudine.	*M. Caron*, 1876.
Mangel Wurzel	*P. Lawson and Son*, 1841.
Catawhisa.	*Ferme-école de Lavallade*, 1866.
Bush potato.	*A. Busch*, 1877.
Bovinia	*M. Victor Kersanté*, 1874.
Rouge des Iles Marmont.	*Potager de Versailles*, 1874.
Tuttle's excelsior	*G. Wrench and Sons*, 1875.
Riesen Sand Kartoffel	*A. Busch*, 1877.
Panachée de printemps.	*Collection suédoise*, 1867.
Vanéliane.	*W. Gloede*, 1873.
Salmon kidney	*Id.*

{ Yam *ou* Igname. . . . .   *P. Lawson and Son*, 1834.
{ Durham. . . . .   *M. Jullien,* 1844.

IX — PANACHÉES ROUGES

SECTION 25

Tubercules ronds, jaunes panachés de rouge.
Germes roses ou rouges.
Fleurs blanches.

Comice d'Amiens. . . . .   *M. Pingré de Guimicourt,* 1851.
De Zélande. . . . .   *Meissonnier,* 1848.
Sand ardappel . . . .   *M.M. Boss frères,* 1842.

Farmer's blush. . . . .   *J. Wrench and Sons,* 1875.

Citronelle. . . . .   *M. Caron,* 1876.

SECTION 26

Tubercules ronds, légèrement aplatis, jaunes panachés de rouge.
Germes roses ou rouges.
Fleurs rouges ou violettes.

Reine Blanche . . . .   *M. Converset,* 1869.
Red peach blow. . . . .   *Bliss and Sons,* 1874.
Yeux rouges. . . . .   *M. Sermaye,* 1875.

Peach blow. . . . .   *Bliss and Sons,* 1874.

White peach blow. . . . .   *Id.*

Bole Zœgling . . . .   *Jules Moré,* 1863.

Rouge de Flandre. . . . .   *M. Moll,* 1844.

Wellington. . . . .   *Angleterre,* 1868.

Ledoux . . . . *Exposition de La Villette*, 1869.

Chamonix . . . . *Courtois-Gérard*, 1874.

Jeanneton . . . . *M. Théveny*, 1876.

Red bread fruit . . . . *R. Dean*, 1879.

Golden eagle . . . . *W. Porter*, 1879.

Lady Webster . . . .   *Id.*

Pink eyes . . . .   *Id.*

Rouge de Mulhouse . . . . *Collection suédoise*, 1867.

    La Rognon . . . . *M. Rameau*, 1832.

Divergeante *ou* Brugeoise . . . . . . *Départ. de l'Escaut*, 1815.
Le Bienfaiteur . . . . *M. de Jonghe*, 1849.
Du Mexique . . . . *Kleinholt*, 1856.
Sommeltière . . . . *M. Théveny*, 1875.

Radstock beauty . . . . *W. Porter*, 1879.

Mexicaine . . . . *M. Berne*, 1875.

Œil rouge . . . . *M. Théveny*, 1875.

Irish pink eyed . . . . *P. Lawson and Son*, 1846.

Forster's early peach blow . . . . . *J. Wrench and Son*, 1875.

Willard . . . . *Thorburn and Cⁿ*, 1872.
Red fluke . . . . *R. Dean*, 1875.

De Bogota . . . . *M. Is. Geoffroy St-Hilaire*, 1858.
De Sainte-Marthe . . . . *Société d'acclimatation*, 1859.
De la Nouvelle-Grenade . . . . *Comte de Fontenay*, 1867.

X — PANACHÉES VIOLETTES

SECTION 27

Tubercules ronds, violets ou plus ou moins panachés de violet, principalement
autour des yeux.
Germes violets.
Fleurs lilas avortant fréquemment.

Grisette.	*Gontier*, 1846.
(Violette	*Mme Vilmorin*, 1862.
' Rosny.	*M. Charpentier-Trianon*,1862.
/ Biscuit bleu marbré	*Collection suédoise*, 1867.
Bread fruit red	*Id.*
Bleue plate hâtive.	*W. Gloede*, 1873.
De Champagne rouge	*M. Théveny*, 1874.
Hobokiers.	*Van Geert*, 1852.
(Droppers.	*M. Magendie*, 1845.
/ Jaspée	*Ferme-école de Lavallade*,1866.
Violette marbrée de Caracas. . .	*Collection suédoise*, 1867.
(Blanchard.	*M. de Vuitry*, 1859.
/ Peake's first early	*Soc. d'hort. de Londres*, 1877.
/ Hâtive de Bourbon-Lancy.	*M. Quiclet*, 1838.
\ Bleue hâtive	*M. Boussingault*, 1848.
) Bourbon-Lancy.	*M. de Liron*, 1853.
/ Grosse violette hâtive.	*M. Godat*, 1868.
· Rigoberte.	*M. Théveny*, 1876.
Hermaphrodite rouge.	*Collection suédoise*, 1867.
The Favourite.	*R. Dean*, 1875.
D'Australie.	*Société d'acclimatation*, 1864.
(De Californie.	*Docteur Cénas*, 1876.
) De San Francisco.	*Id.*
Early Don	*Angleterre*, 1868.
Bonne ronde hâtive de Belgique.	*Collection suédoise*, 1867.

Œil violet . . . . 1855.

Des Elies. . . . . *M. Verlot*, 1874.

Albert. . . . . *W. Porter*, 1879.

Frühe blaue runde. . . . . : *Fr. von Gröling*, 1873.

Neshannock. . . . . *M. Leclerc*, 1867.

XI — VIOLETTES RONDES

SECTION 28

Tubercules violets, ronds, quelquefois un peu aplatis.
Germes violets, exceptionnellement rougeâtres.
Fleurs violettes ou lilas.

Bleue des Forêts. . . . . *Départ. des Forêts*, 1815.
Violette de Lanilis . . . . , . *M. Guesnet*, 1836.
Calebasse. . . . . *Ferme-école de Lavallade*, 1866.
Porto-Allegro. . . . . *Collection suédoise*, 1867.
Tardive du Chili . . . .   *Id.*
Péruvienne. . . . .   *Id.*
Tardive de Bretagne . . . . *Courtois-Gérard*, 1874.
Violette de Champagnole . . . . . . *M. Chauvin*, 1874.
Vendéenne violette. . . . . *M. Théreny*, 1875.

Scotch blue . . . . *R. Dean*, 1877.

La Jersey . . . . *M. Morel de Vindé*, 1819.
Terre . . . . *Ferme-école de Lavallade*, 1866.
Purple regent. . . . . *R. Dean*, 1873.

Champignon. . . . . *Collection suédoise*, 1867.

Vosgienne. . . . . *M. Leconte*, 1875.

Violette Rampal. . . . . *Docteur Cénas*, 1876.

De Suède . . . . *M. Derbecq*, 1869.

Auvergnate . . . . *Souesmes*, 1877.

VIOLETTE. . . . .   *Halle de Paris, 1845.*
Rufziana . . . .   *Société d'acclimatation, 1864.*
Hundred-fold. . . . .   *Potager de Versailles, 1874.*

    Maréchal Vaillant . . . .   *W. Gloede, 1873.*

Vellez. . . . .   *Société d'acclimatation, 1869.*

Onion potato . . . .   *P. Lawson and Son, 1840.*

Violette (Strub). . . . .   *M. Strub, 1872.*

La Vierge. . . . .   *M. Sommelier, 1840.*

La Bleue . . . .   *M. Martin de Gibergues. 1875.*

Brune de Vichy. . . . .   *M. Broquette. 1872.*

SECTION 29

Tubercules violets, généralement oblongs, plus ou moins aplatis, parfois en-
taillés.
Germes violets.
Fleurs blanches.

Compton's surprise. . . . .   *Bliss and Sons, 1874.*
    Early purple. . . . .   *R. Dean, 1879.*

Birmingham blue. . . . .   *R. Dean, 1875.*

Blauschalige Hummelshainer. . . .   *A. Busch, 1877.*

Vicar of Laleham. . . . .   *R. Dean, 1879.*

Blaue späte Rosen . . . .   *A. Busch, 1877.*

Lankmann *ou* Chandernagor . . . .   *Comte de Bussy, 1821.*
Noire des Indes. . . . .   *M. Théreny, 1875.*

    Noire des montagnes de Suisse. .   *M. Gauffre. 1836.*

    A cœur noir. . . . .   *Ferme-école de Lavallade, 1866.*

    Noire tardive de Sago . . . . . .   *Collection suédoise, 1867.*

    Vendéenne noire . . . .   *M. Théreny, 1875.*

XII — VIOLETTES LONGUES

SECTION 30

Tubercules violets, allongés, en forme de rognon ou d'amande.
Germes violets.

Purple ash-leaved kidney. . . . . .   *R. Dean*, 1873.
Jersey purple. . . . .   *M. Verlot*, 1874.
Black kidney . . . .   *Id.*
Black Prince . . . .   *Nutting and Sons*, 1878.
Select blue ash leaf. . . . .   *W. Porter*, 1879.
Paterson's long blue . . . .   *Angleterre*, 1879.

   Crimson walnut leaf. . . . . . .   *R. Dean*, 1877.

  (Early ash-leaved kidney. . . . .   *Angleterre*, 1857.
  / Late London dwarf kidney. . . .   *Comte de Gourcy*, 1852.

ROGNON VIOLET (QUARANTAINE VIO-
   LETTE. *Halle de Paris*). . . . . .   *Collection suédoise*, 1867.
Violette longue. . . . .   *Halle de Paris*, 1874.

Giant blue . . . .   *W. Porter*, 1879.

Santa-Helena. . . . .   *Société d'acclimatation*, 1864.
Smith's seedling. . . . .   *M. Verlot*, 1874.

FIN

LISTE ALPHABÉTIQUE [1]

(1) Dans la LISTE ALPHABÉTIQUE, les noms des variétés considérées comme distinctes sont imprimés en caractères ordinaires et ceux des synonymes en *italiques*.

FIN DE LA LISTE ALPHABÉTIQUE